Feeling

Latte Art

情倾咖啡拉花

北京艺德前程学校◎编著

主　　编：赵　洋　蒙水才
拉花操作：蒙水才
摄　　影：冯　文
摄　　像：沙　勇
编　　委：孙文彪　尹成虎　郑转玲　魏延帅
　　　　　徐修娟　丁　宵　张　宣　于　飞
　　　　　郜　忆　程继超　刘　方

海峡出版发行集团 | 福建科学技术出版社
THE STRAITS PUBLISHING & DISTRIBUTING GROUP　FUJIAN SCIENCE & TECHNOLOGY PUBLISHING HOUSE

图书在版编目（CIP）数据

情倾咖啡拉花 / 北京艺德前程学校编著. —福州：福建科学技术出版社，2014. 10（2016. 3重印）
ISBN 978-7-5335-4596-3

Ⅰ. ①情… Ⅱ. ①北… Ⅲ. ①咖啡－配制 Ⅳ. ①TS273

中国版本图书馆CIP数据核字（2014）第160452号

书　　名 情倾咖啡拉花
编　　著 北京艺德前程学校
出版发行 海峡出版发行集团
福建科学技术出版社
社　　址 福州市东水路76号（邮编350001）
网　　址 www.fjstp.com
经　　销 福建新华发行（集团）有限责任公司
印　　刷 福州德安彩色印刷有限公司
开　　本 787毫米×1092毫米　1/16
印　　张 7
图　　文 112码
版　　次 2014年10月第1版
印　　次 2016年3月第3次印刷
书　　号 ISBN 978-7-5335-4596-3
定　　价 32.00元

DIRECTORY 目录

壹 第一部分
认识咖啡拉花

一 初识咖啡拉花

1. 定义咖啡拉花

像咖啡一样，咖啡拉花也是纯粹的舶来品。“咖啡拉花”的英文为 Latte Art。Latte 来自意大利语，意为“鲜奶”，音译为拿铁，拿铁咖啡即牛奶与咖啡的混合品。拿铁咖啡再加上艺术，就是咖啡拉花带给你的非凡体验。

从 Latte 到 Latte Art 只有一步的距离，那就是将牛奶变成一种有思想的液体。我们可以这样定义咖啡拉花：利用发泡牛奶与浓缩咖啡在色彩、比重等方面的差异性，通过改变发泡牛奶注入浓缩咖啡时的流向、流量，再加上后期的描绘，在咖啡表面形成漂亮的图案。

除了发泡牛奶，有时还用到巧克力酱、可可粉、果酱等原料，在咖啡表面创作出更多样的图案。但它们的基础都是牛奶与咖啡的融合。

2. 咖啡拉花是一门艺术

咖啡拉花是拿铁咖啡制作过程中的一场华丽冒险，它呈现的结果是二维的静态图案，而形成的过程则是在杯内三维空间中进行的两种液体原料的融合。它考验咖啡师在图案成形过程中的感性想象与理性把握的双重能力。

而在根本上，咖啡拉花是一种饮品艺术，它从不抛弃口感：拉花是在拿铁咖啡的基础上做出的变化，先有牛奶与咖啡的完美融合，后有牛奶在此融合过程中的独特表现。有人认为越好看的拉花咖啡越好喝，这种说法有些绝对，但也确有道理。

二 咖啡拉花时间轴

1. 为艺术而生：咖啡拉花的起源

科学求真，道德求善，而艺术则求美。德国艺术史家格罗塞认为：艺术活动注重的就是艺术自身，没有外在目的。

1988 年的某一天，在“咖啡之都”西雅图开咖啡馆的大卫·休谟为客人调制早餐咖啡时，不经意间在咖啡上倒出了一颗漂亮的心，从此他受到启发而开始了拉花艺术的专门研究。这就是关于咖啡拉花起源的最风行的说法。也有来自日本旭屋出版社的另一种说法，认为“咖啡拉花艺术起源于1985年的意大利米兰，并在传往美国后流行于世界各地”（《咖啡画布上的艺术——Latte Art 拉花创作教科书》，日本旭屋出版社主编，台湾东贩股份有限公司 2008 年 11 月引进出版）。

不管怎样，拉花艺术应该就是牛奶与咖啡相遇时发生的美丽意外。从此，人们在享受咖啡时多了一种美，多了一份快乐。

2. 小众艺术的大未来

还是那个德国艺术史家格罗塞，他认为，某些艺术活动之所以能在历史上被保存下来并发展下去，主要因为它们间接地具有社会价值。我们无法考证休谟是不是依靠他的拉花技巧而招徕了更多的客人，但无疑今天拉花艺术已经吸引了更多的“休谟”来参与创作，而且受到广大咖啡消费者的喜爱。

现在，拉花艺术在国内的小咖啡馆中已经流行起来。有些咖啡馆中，含有拉花的咖啡价格更高一些；但大多数咖啡馆没有对拉花服务进行收费，它们用咖啡拉花增加客人饮用时的乐趣，使咖啡馆的情调更为特别，从而留住更多的客人。

目前国内咖啡馆提供的拉花图案大多是简单的类型，比如心形和叶形。当下有许多学习咖啡拉花的人，他们学成之后大多为开店提供服务，但亦有少数纯粹为爱好而练习。

现在，咖啡拉花已经是各大咖啡比赛的常设项目之一，素有“咖啡界的奥林匹克”之称的世界咖啡师大赛（World Barista Championship）将其视为咖啡师的基本专业技能之一。2013 年 4 月，世界拉花艺术大赛（World Latte Art Championship）第一次被引入中国。

随着咖啡文化在民众生活中的渗透，我们有理由相信，由拉花带来的感动一定会传递给更多的人。

三 拉花器具

1. 拉花钢杯

拉花钢杯多为不锈钢制品，有不同的容量，形状上也有所不同。

钢杯根据嘴形，可分为尖嘴型和圆嘴型两种。前者比较适合勾画线条，后者擅画对称图案。

根据杯嘴沟槽的长短，它可分为长沟型和短沟型两种。沟槽越长，杯嘴汇集牛奶的作用越好，在拉花时越好控制；而沟槽短的钢杯在打奶泡时比较好用。

根据握把的形式，它可分为连接型和分离型两种。前者在拉花时比较好把控，后者适合用于冰镇冷却的牛奶。

尖嘴型，长沟型，连接型

圆嘴型，短沟型，分离型

2. 咖啡杯

材质

陶杯质感浑厚，适合深度烘焙且口感浓郁的咖啡。

瓷杯最为常见，能恰到好处地诠释咖啡的细致香醇。其中又有骨瓷杯——用高级瓷土和动物骨粉烧制而成，保温性能好，且质地轻盈，色泽柔和，是用来喝咖啡的上品。

尺寸

咖啡杯的尺寸一般分为三种：小型杯 60~80ml，适合用来品尝纯正的优质咖啡或者浓烈的浓缩咖啡，虽然几乎一口就能饮尽，但徘徊不去的香醇余味最显咖啡的精致风味；常规杯 120~140ml，是最常见的，有足够的空间可以添加奶泡和糖；马克杯 300ml 以上，适合加了大量牛奶的咖啡。

小型杯　　常规杯　　马克杯

颜色

为了凸显拉花图案的特色，最好选用内壁呈白色的咖啡杯。

温度

咖啡杯在使用前最好是温热的，让热咖啡冲入后能长时间保持温度，展现香醇口感。温杯最简单的方式是直接冲入热水，或者放入烘碗机预先温热。

3. 其他器具

咖啡拉花的其他器具不一而足。温度计是练习打发牛奶时必要的，用来避免牛奶温度过高。拉花针用来进一步修绘拉花图案，网板用来喷粉制图。

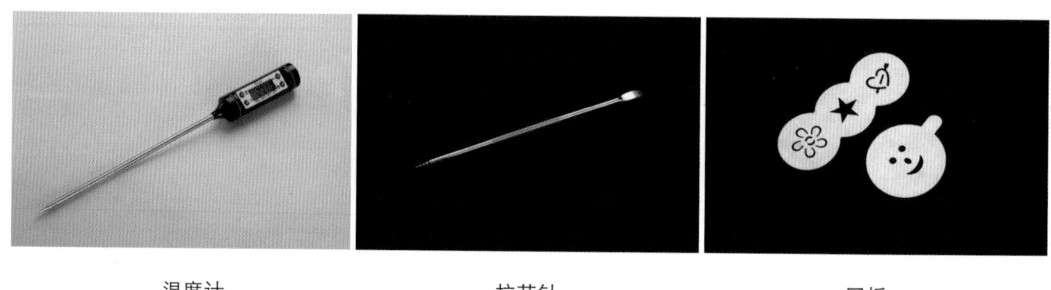

温度计　　拉花针　　网板

贰 第二部分 序曲

一 浓缩咖啡

咖啡拉花的“画布”是浓缩咖啡。

1. 定义 Espresso

Espresso，中文翻译为浓缩咖啡，或意式咖啡。这个英文单词源自意大利文，原意是“受压”，描述了这种咖啡冲煮过程的特点——在萃取时施加高压。

美国精品咖啡协会（Specialty Coffee Association of America）对浓缩咖啡的定义是：一种 25~30ml 的饮品，由 7~9g（双份为 14~18g）的咖啡粉加 92~95℃的净水，在 9~10 个大气压下，经 20~30s 冲泡而成。

浓缩咖啡在萃取时呈热蜂蜜的黏稠状流下，萃取完则在表面呈现出金黄色的油脂和深褐色的斑纹，口感香醇浓郁。

完美萃取的浓缩咖啡也适合拉花艺术的表现，因为其表面的油脂组织均匀。

▶浓缩咖啡的具体制作过程为：

①预热咖啡杯；

②从冲煮头上摘下过滤手柄并冲洗；

③清洁干燥过滤网；

④将咖啡粉填入过滤手柄中的滤碗并压实；

⑤清除滤碗周边的残粉；

⑥将手柄扣上冲泡头；

⑦观察水流等待完成，萃取时间为 20 ~ 30s，单份咖啡量为 25 ~ 35ml；

⑧卸下手柄，清除咖啡残渣；

⑨擦拭或冲洗滤网并清洗冲泡头；

⑩将手柄扣回冲泡头内保持预热。

要制作一杯完美的浓缩咖啡，从材料到设备到环境，有许多因素需要综合把握。

2. 拼配

并不是任何咖啡豆都可以萃取出完美的浓缩咖啡，除了极少数的一些优秀品种可以作为单品咖啡饮用外，大部分的咖啡豆都存在或多或少的缺陷，比如没有特殊的风味或某种味道过于强烈。因此，拼配咖啡豆就应运而生了。

拼配咖啡豆也被称为意式咖啡豆。它是一种妥协，同时也是一种进取，一般由6～8种单品咖啡豆混合而成。咖啡豆拼配弥补了单品的缺陷，拼配的方式不一定，有些咖啡馆的特色就由此而来。

不同烘焙度的咖啡豆

3. 烘焙

浓缩咖啡风味的形成还跟咖啡豆的烘焙有很大关系。常说的北意风味、南意风味就是这样：北意风味由中浅烘焙而来，咖啡因含量较少，口感丰富并带有少许水果酸味，豆体香气偏向花香或果皮香；南意风味由深度烘焙而来，咖啡因含量较高，口感厚重并带有焦糖的甘甜，豆体香气偏向果实香或可可香。实际中浓缩咖啡的风味绝不仅仅此两种。要找到属于自己的独特风味，可以不断尝试。

4. 研磨

一杯完美的意式浓缩咖啡需要细致、均匀的咖啡粉，以及平稳的填压，这样在高压下咖啡粉才能被稳定地萃取。如果咖啡粉粗细不一，在高压下粉饼的薄弱部位会被冲击得更薄弱，从而导致咖啡粉局部过度萃取，咖啡苦味加重。

研磨浓缩咖啡用的豆子常使用电动磨豆机，这种磨豆机的刀片会磨损，需要定期更换，以确保咖啡粉颗粒均匀，并且研磨后升温有限。

咖啡豆研磨有不同的粗细度选项，要根据冲煮方式选择：咖啡粉太粗，则萃取不充分，口味寡淡；咖啡粉太细，则萃取过度，味道太苦。浓缩咖啡一般采用细研磨度，咖啡粉是细粉末，摸起来稍有颗粒感，近似绵白糖。在实际操作中要多萃取几次以进行研磨度的调节。

咖啡豆应该在冲煮之前才开始研磨，因为咖啡豆成粉后与空气的接触面积大大增加，芳香物质容易变质和挥发；而且也不要一次研磨太多，因为大量研磨会使机器过热，影响咖啡粉的质量。

5. 意式咖啡机操作

最初的意式咖啡机是半自动的，如今虽已出现全自动咖啡机（自动磨豆、压粉），但因咖啡萃取的很多细节因素无法让机器控制，所以很多专业咖啡师选用半自动的咖啡机。

使用半自动的咖啡机，可以用咖啡机的过滤手柄承接研磨出来的咖啡粉，而后的过程如下：

①使用压粉器将粉均匀压实，压粉力在5～20千克力（50~200N）之间（不同配方的咖啡豆需不同的研磨粗细度和夯压力度）。压粉器有平面与球面两种，过滤手柄上滤碗和咖啡机冲煮头也有这两种形状，要对应使用。

②抹掉过滤器碗口及其周边的残余粉末，以防冲煮头内部的橡胶被咖啡渣腐蚀。

不同型号的压粉器

③放掉冲煮头里一部分受热太久而超出95℃的热水，然后扣上过滤手柄。

④按下蒸煮键，将咖啡杯放在过滤手柄出品口下方，等待完成。

6. 环境

温度

咖啡豆和咖啡粉都要避光储存，温度以18~25℃为宜，因为温度过高和光线的照射都会使咖啡过快氧化，失去芳香味道。未开封咖啡豆要保存于阴凉、干燥、通风处。开封后的豆子则必须用密封罐装，而且最好连包装袋一同放入密封罐内，以免氧化而产生油脂臭味。

湿度

萃取浓缩咖啡的环境相对湿度最好不要超过50%。过湿的环境会导致咖啡粉填压过实，进而导致萃取速度放慢，造成咖啡萃取过度。

7. 水

煮咖啡的水必须新鲜、洁净、清澈、无味。使用硬水不仅会影响到浓缩咖啡的味道，还会在锅炉、管路、阀门中产生水垢引起堵塞。

如果咖啡萃取液的油脂均匀，没有呈现过度或不足的萃取颜色，口感醇厚，即是理想的。一次拉花表演所需的咖啡量没有规定，可根据顾客需求、杯子大小及所拉花型决定，通常就是用30ml的单份浓缩咖啡量。

单份的浓缩咖啡

二 发泡牛奶

1. 为什么要使牛奶发泡

牛奶发泡的过程是借助蒸汽的冲打力量和牛奶液的表面张力作用，使空气进入牛奶形成细小泡沫，奶液体积膨胀成为奶泡。

牛奶发泡后，其中的乳糖受热溶解，增添了甜美的味道；绵密的泡沫带来轻柔的口感，泡沫在口中破裂的过程也是芳香物质效果释放的过程。

对于咖啡拉花来说，发泡后的牛奶才能用来造型：发泡后的牛奶与咖啡结合时容易保持自己的形状；牛奶充入空气后变轻，容易浮在咖啡表面。

2. 发泡牛奶的具体制作步骤

①空喷意式咖啡机的蒸汽管，再用专用毛巾将蒸汽管擦拭干净；

②将蒸汽管喷气头浅浅地浸入牛奶；

③打开蒸汽管，将空气注入牛奶，使牛奶发泡至所需的量；

④将蒸汽管浸深，并倾斜放置使牛奶产生漩涡，加热牛奶至60~70℃；

⑤关闭蒸汽管；

⑥再一次空喷蒸汽管，并用专用毛巾擦拭干净。

3. 选择牛奶品种与用量

牛奶中所含的脂肪颗粒越多，越能产生稳定的泡沫，所以全脂牛奶在打发时更好用。一般选择乳脂肪含量在3%以上的全脂鲜奶。

从拉花钢杯的角度来考虑，杯中牛奶的量最好不要超过钢杯容积的一半，否则制作奶泡的时候，牛奶会因发泡膨胀而溢出来。钢杯中的牛奶量也不能太少，否则奶泡在打发时将无法承受蒸汽的压力而被破坏掉。钢杯嘴底端和钢杯底部之间的中点，是注入牛奶的最低水位点。

4. 意式咖啡机出蒸汽的特性

集中排列的出气孔

外张排列的出气孔

出气方式

出气方式与喷气头上的出气孔排列方式有关，排列方式有外张式和集中式两种。外张式的喷气头在打发牛奶时不可以太靠近钢杯边缘，否则会产生乱流现象；集中式的蒸汽管在角度控制上需比较注意，否则不易打出良好的奶泡组织。

出气量

出气量与蒸汽管的形状有关，短和粗的管子气流阻力小，出气量大。

出气量越大，打发牛奶的速度就越快，但相对比较容易产生较大的奶泡。大的出气量适合用在较大的钢杯，用在太小的钢杯则容易产生乱流的现象。出气量小的蒸汽管发泡速度慢，但好处是不容易产生大的气泡，打发打绵的时间较久，整体比较容易掌控。

蒸汽干燥度

蒸汽的干燥度越高，打出来的奶泡就越绵密，因此蒸汽干燥度越高越好。

5. 喷气头在杯中的位置：上还是下

将喷气头浅浅地侵入牛奶，打开蒸汽管，你会听到“嗤嗤”的声音，这表明蒸汽正在进入到牛奶当中。随着蒸汽的进入，牛奶不断膨胀，越来越深地淹没喷气头，渐渐地你再也听不到“嗤嗤”的声音。保持蒸汽在牛奶中旋转流动，直至达到你想要的温度，然后停止。

位置太上：打开蒸汽管后，钢杯内的声音过大

可能在打开蒸汽管的一瞬间，钢杯内就像发生了爆炸一样充满大气泡，并且达到了你所需的奶量。如果发生了这种状况，可将蒸汽管迅速浸入牛奶，并使其产生漩涡，再利用漩涡将钢杯表面产生的大气泡卷入，使奶泡变得绵密。

位置太下：打开蒸汽管后，什么声音也听不到

在发泡时，钢杯中的牛奶发生了旋转，只能偶尔听到点声响，可能到最后才传出刺耳的“嗤嗤”声。这种情况发生之后，你只能关掉蒸汽管重新打发一杯牛奶。试着把喷气头再贴近牛奶表面一点，并且确信再次打开蒸汽管的时候，可以听到“嗤嗤”的声音。

6. 蒸汽管的角度

打开蒸汽管后，钢杯中的牛奶应该产生旋转流动，这取决于喷气头在钢杯中的位置和指向。不要将喷气头触碰到钢杯的杯壁，也不要将喷气头放在钢杯的正中央。如果把钢杯口视为钟表面，杯嘴位置为 12 点位置，那么将蒸汽管搁在杯嘴上，喷气头在 9 点或者 3 点附近，牛奶比较容易产生良好的旋转流动。

7. 蒸汽压力：大还是小

在大多数情况下，将蒸汽管全部打开是最好的。如果你的钢杯容量较小，或者你的咖啡机蒸汽管压力比一般咖啡机的大，你可能发现不全开也能打出良好的奶泡。一开始可以尝试使用不同的蒸汽压力来打发牛奶，但要保证钢杯中牛奶的旋转流动一直都在进行。

8. 钢杯的角度

把蒸汽管放入钢杯时，一些人习惯把钢杯往一边稍微倾斜，但通常钢杯不需要太倾斜。如果你制造了一大团大气泡，你可以稍微改变钢杯的角度，让喷气口接近这些气泡，这样这些气泡就会被涡流卷到下面去。

9. 温度

发泡开始的温度

最初开始打发的牛奶应该是冷的，最好在 5℃。牛奶发泡的过程也是一个逐步升温的过程，发泡开始的温度越低，发泡的时间就可以越长，从而使打出来的奶泡更为绵密。如果注入蒸汽的时候牛奶是热的，那么就没有充足的时间使气泡变得光滑。

发泡完成的温度

牛奶发泡到 60~70℃即可，但不可以超过 70℃。牛奶中含有的乳糖在温度升高到 60 ~ 65℃时会发生溶解，这时兑和出来的咖啡会相对较甜；而到 70℃以上时，乳糖会焦化，牛奶中的蛋白质结构会发生变化，牛奶的整体口感会变差，变酸。70℃是一个数值概念，打发牛奶时一般手感微烫即可停止。

用手感温

打开蒸汽管之后，可以用一只手握住钢杯的把手，用另一只手扶在杯壁上感温。牛奶的温度是较难把控的，建议通过多做尝试来掌握，而不要太依赖温度计，因为温度计的显示有些滞后，而且在实际操作中也不可能用温度计。

10. 打发之后，拉花之前

撇掉表层

牛奶打发后，表层的奶泡质感较硬一些，另外牛奶膨胀后可能在钢杯里占得太满，不利于拉花。可以用调羹将牛奶在表面轻轻撇掉一些。

混合

牛奶打发之后还不是我们理想中的样子，而是处于分层状态，下层是被加热的奶液，上层是泡沫，所以要进行混合。可以摇晃钢杯，让牛奶朝一个方向旋转，让奶液和泡沫混合；也可以把打好的牛奶在两个钢杯里来回地倒几次，接着把它们平均分在两杯里，然后再“浅浅”地来回倒几次，让上层的奶泡部分也均分。

敲

将钢杯底部在桌子上平稳地敲打几下，可以把奶泡中的大气泡震碎。

保持晃动

拉花前最好让发泡牛奶一直在拉花钢杯里处于摇晃旋转状态，以保证泡沫与奶液的充分混合。

11. 避免

过久不用

只要很短的时间，奶液和泡沫就会分离；另外，时间过久还会使牛奶变凉。这些都不利于牛奶与浓缩咖啡的融合。

再次打发

如果一次没有打好奶泡，千万不要等牛奶放凉之后再次打发。重复打发会破坏牛奶的营养结构，而且影响与浓缩咖啡融合后的口感。

12. 用奶泡壶手工打制奶泡

手工也可以打制奶泡，而且还可以打出冷牛奶泡，冷牛奶打发之后主要用于制作冰咖啡饮品，而用于拉花的发泡牛奶则必须是热的。

现简要介绍手工打发热牛奶的方法：

①将牛奶倒入奶泡壶中，量不要超过奶泡壶的一半，以防牛奶发泡后溢出。

②加热牛奶，可以将奶泡壶放在电磁炉或者酒精灯上加热，牛奶温度上升到60℃左右即可，不要超过70℃，否则牛奶中的蛋白质结构会遭到破坏。加热时，奶泡壶不要加盖子和滤网。

③将滤网装入奶泡壶，加上盖子。快速抽动滤网将空气打入牛奶，操作时的要点：不要抽压到底；抽压次数不必太多，三十下左右即可；先快后慢，先快速抽动使牛奶发泡，再放慢速度打绵。

④移开盖子与滤网，静置约一分半钟，然后上下震动两三下，震碎较大的奶泡，再将打发好的牛奶倒入拉花钢杯中即可。

三 咖啡拉花的其他原料

如果你想要更多的趣味，咖啡拉花绝对不会拒绝你旁逸斜出的灵感乍现。

粉状原料有可可粉、肉桂粉等，它们可通过筛网来制图。

液态原料有巧克力酱、覆盆子酱、焦糖酱、香草酱等，它们为拉花造型点亮绚烂的色彩。这些深色的“颜料”落在咖啡表面的白色奶泡上后，不会轻易扩散，因此具有很大的可操作性，可以直接用来画出心中所想，甚至写出清晰的心声。

咖啡拉花是一门综合的艺术，因此其他原料在使用时，还要考虑到咖啡的口感，一般不要使用太多品种。

叁 第三部分 咖啡拉花表演开始

一 三种基本拉花方式

1. 灌入法

灌入法是咖啡拉花最基本的方法，也是最常用的。灌入法仅仅利用发泡牛奶迅速而直接地倒入浓缩咖啡中，就可以做出图案。奶泡在咖啡上的不同图案呈现，依赖于对拉花钢杯不同的控制技巧。最基本的图案有圆形、心形和叶形，在此基础上可以生成更复杂的图案。

2. 筛网法

筛网法是操作最简单的拉花方法。首先要准备好刻有图案的网板，其次还要准备粉状原料，如可可粉、肉桂粉。待发泡牛奶与浓缩咖啡融合好之后，将网板置于其上约 1cm 处，将粉状原料撒下即可完成图案的制作。想用此法做出丰富的变化，唯有对网板下工夫，创意凝结在拉花之前的准备阶段，网板做得越好，最后成形的图案就越漂亮。

3. 手绘法

手绘法属于典型的锦上添花。在发泡牛奶与浓缩咖啡充分融合之后，使用勾针、牙签或针状物在咖啡表面勾画出各种图形，即是手绘。勾画要借助其他工具，也要借助其他原料，比如巧克力酱、覆盆子酱或香草酱等。在勾画之前也可以先滴入发泡牛奶，利用其浮在表面的雨滴形状和乳白颜色进行发挥；也可以在灌入成形的基础上进行发挥，成就更多有难度的图案。

以上是咖啡拉花的三种基本方式。艺术离不开变化，离不开融会贯通。其实筛网法和手绘法已经是在灌入法基础上的发挥，要想做出高难度的图案更要综合各种拉花方法来完成。咖啡拉花的舞台只有杯子那么大，比起真正的作画，局限性相当大，其艺术表现力全靠拉花大师的点滴创意。

二 五种拉花基本功

1. 工欲善其事，必先利其器——原料检视

咖啡拉花是发泡牛奶与浓缩咖啡共同完成的艺术作品，因此两者的质量都很关键。对

于它们的制作本书第二部分已经详细介绍。对于好的浓缩咖啡这里不作详细说明。好的发泡牛奶有着油漆般的连续性，没有大的气泡，泡沫层中没有明显的断裂。

拉花前让在钢杯里的牛奶处于摇晃旋转状态是一个好的习惯。也可以先倒一点奶泡，试试手感后再拉花。

2. 双手与双杯的完美合体——握杯姿势

咖啡拉花是一门特殊的视觉艺术，画布和画笔都在杯子里，握杯姿势就成为咖啡拉花的一大基本功。一般是左手拿咖啡杯（也有人托着杯子），右手握住拉花钢杯。咖啡杯口略倾斜，作图时让咖啡液面尽量靠近拉花钢杯嘴。要考虑图形的方向与咖啡杯耳位置的关系，保证一般饮用者在右手执咖啡杯耳的情况下有正确的观看方向。

3. 双杯之间的对弈——晃杯动作

发泡牛奶经常是通过注入时的左右晃动来形成主要的图形，因此晃杯动作十分关键。一般来说，发泡牛奶与浓缩咖啡融合到占杯七八分满就要准备构图了。晃杯动作要平稳，切忌幅度过大。咖啡杯空间有限，一方面要控制住牛奶流速，另一方面钢杯嘴部要尽量靠近咖啡表面，这样才能形成更多的纹路。等到咖啡杯九分满的时候，就要停止晃杯开始收尾了。收尾时要慢慢提高拉花钢杯，将牛奶拉到杯边即可。

4. 牛奶如流水般写意——节奏控制

注入咖啡的牛奶好似毛笔，要想做到笔随意转，意成笔止，唯有反复地练习，在一次次“失控”状态中找到属于自己的拉花节奏。值得说明的是，在拉花成形过程中的几个节点（比如开始构图、开始收尾）上牛奶的流速会出现不一致，但在节点间、“一笔”内，牛奶的流速一般应该是均匀的。

5. 咖啡之花若偶得——时机把握

牛奶注入咖啡的过程如流水般无意。而要化“无意”为神奇，需要对时机敏锐的把握。比如，什么时候开始明确构图？晃动多少次后收尾？这些问题全都在上手练习中来摸索答案。

一般来说，待到牛奶与浓缩咖啡完全融合，就可以压下钢杯开始晃动作图了，而到占杯九分满时就可以着手收尾。这些看似分离的步骤都是连贯的，熟能生巧后就可以达到无意成花的境界。

三 三种基础拉花图案详解

以下详细介绍的是三种入门拉花图案：叶、心和郁金香。它们涵盖了灌入法拉花的三种基本技巧：平移晃动、静止晃动和推入。扎实掌握这几种图案，对于拉花进阶大有裨益。

我们准备了这几种图案的操作视频，读者可以扫描二维码，点击网页中的链接观看。

01 首先让牛奶和咖啡大体上融合。将咖啡杯倾斜约 45 度，注入发泡牛奶。开始注入时适当抬高钢杯，并移动奶流让注入点在咖啡液面上打圈。（抬高钢杯会增加奶流落下时的力度，这和打圈一起都是为了使奶和咖啡更快更好地融合。）注入的奶流可细一些，但是要匀速，而且不能断掉。

02 奶流打三四个圈后，咖啡杯里就达到四五分满了，这时开始构图。边打圈边降低钢杯，并从画面上部约三分之一处开始左右晃动构图。从融合到开始构图，这个过程中奶流不能断掉。

03 作图时，奶流要比融合时大一些，迅速左右晃动，同时向后移动到咖啡杯缘。注意在晃动时保持奶流量的稳定，同时钢杯嘴向后移动的速度也要恒定，这样才可以使最终成形的叶子对称而清晰。

这一步中值得提醒的是：钢杯嘴要尽量贴近咖啡表面，因此咖啡杯的倾斜程度越大越好。这一点与融合时相反，牛奶注入的力度越小，越不容易被冲散，成形也越清晰。

04 随着牛奶注入量的增多，逐渐扶正咖啡杯，保证液体不溢出。

05-07 注入点移动到杯缘后，停止晃动，稍作停留，此时让奶流逐渐变细。奶流变细之后，注入点沿弧形奶波的中心线向前推至另一端杯缘，叶脉就有了，叶片也随之出现。

叶形拉花视频

心

心形拉花视频

01-02 将咖啡杯倾斜，注入发泡牛奶。开始注入时适当抬高钢杯，并打圈。注入的奶流细、匀速、不断。

03 待拿铁占杯内七八分满时开始构图，边打圈边降低钢杯，在画面中心处停住准备作图。

04-05 作图时的奶流要比前一阶段大一些，在咖啡杯中心处持续左右晃动，半圆形线条自动成波纹状向外荡开，并在外围成一圆形。

06 圆形出现后停止晃动，抬高钢杯沿咖啡杯中心线向前拉到杯缘，心形就出现了。

01-02 将咖啡杯倾斜，注入发泡牛奶。开始注入时适当抬高钢杯，并打圈。注入的奶流细、匀速、不断。

03 待拿铁占杯内六七分满时开始构图，边打圈边降低钢杯，在画面下方贴近咖啡液面注入牛奶并向前推动。这是第一次推入，奶量要比以后的推入多一些。

04 推入牛奶的最初形态接近圆形。推送到画面中心处，立即抬高钢杯嘴，收掉奶泡。

05 从画面下部开始第二次推送。

06 推送到中心处收掉奶泡。

07 做第三次推送。

08 第三次推送完成后，立即抬高钢杯嘴，沿弧形奶波中心线向前拉至咖啡杯缘，图案完成。

郁金香拉花视频

郁金香可以做不同层数，下面是4层郁金香的做法。

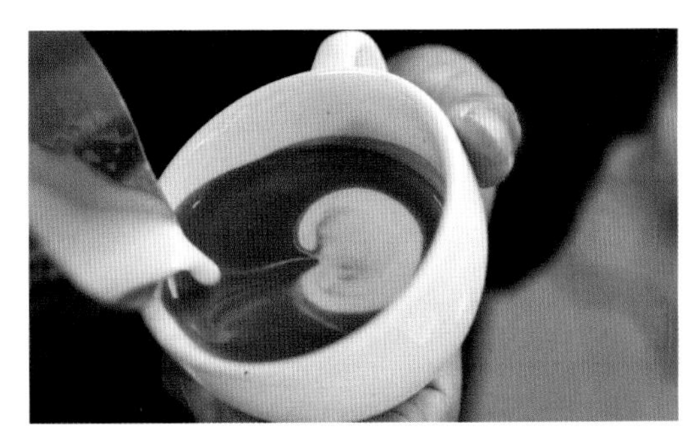

01 冲注牛奶至杯内五六分满时，从杯心处向前做第一次推送。

02 进行第二次、第三次推入。

03 进行第四次推入后收尾。

04 收尾成型。

四 拉花创意分享

这里准备了 60 多款拉花作品与大家分享。不仅仅如此，大家还可以扫描书末尾提供的二维码，打开链接，看到 30 多款拉花作品的操作视频。

书面作品中，有些是与视频作品相同或相似的，我们在书上这些作品旁做了标记，对应的视频作品名字（或名字的第一部分）与书面作品一致。

筛网造型 01

01 先用勺子刮取牛奶，倒入咖啡表面中央位置，使其慢慢散成一个圆圈；

02 对着杯心直接注入牛奶，至杯内八分满；

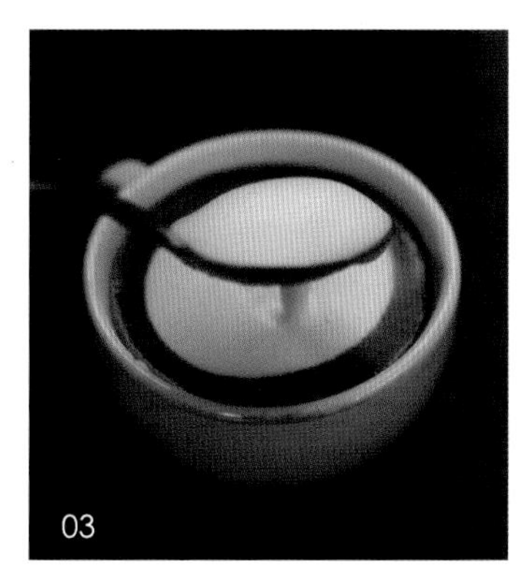

03-04 再用勺子刮取剩余牛奶倒入，至杯内九分半满；

05 将笑脸模具放置于咖啡杯上，把巧克力粉倒在空隙处；

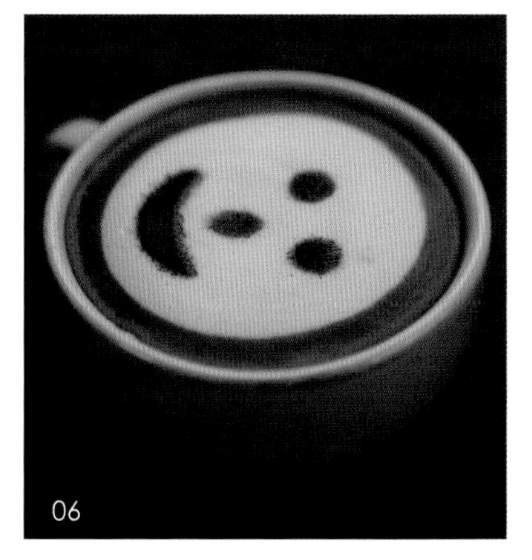

06 移开模具，咖啡表面笑脸浮现。

小贴士

先后两次用勺子将牛奶倒入咖啡杯，都是为了使“笑脸”更圆。在这个过程中，注意别冲散了咖啡油脂圈。另外，因为杯子上要放置模具，所以不要将牛奶注入过满，以免模具沾到液体，破坏出品外观。模具有很多种款式，如本书第一部分末尾所示。

律动的节奏 02-09

02

01 先用勺子刮取牛奶，倒入咖啡表面中央位置，使其慢慢散成一个圆圈；

02 对着杯心直接注入牛奶，约至十分满；

03 用巧克力酱在咖啡表面挤出线条；

04 用拉花针顺着边缘勾出一条直线；

05 然后反方向平行拉出一条直线；

06 用同样的方法一直画到咖啡杯的另一边缘，图案完成。

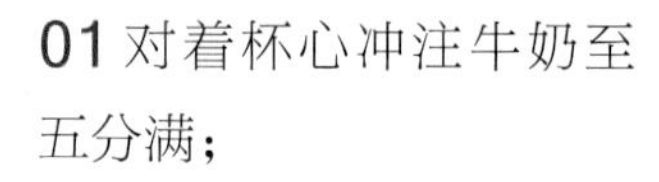
01 对着杯心冲注牛奶至五分满；

02 用勺子刮取牛奶，轻倒在画面中央位置，让牛奶慢慢扩散成一个圆；

03 用钢杯对着圆的中心冲注牛奶，至杯内十分满；

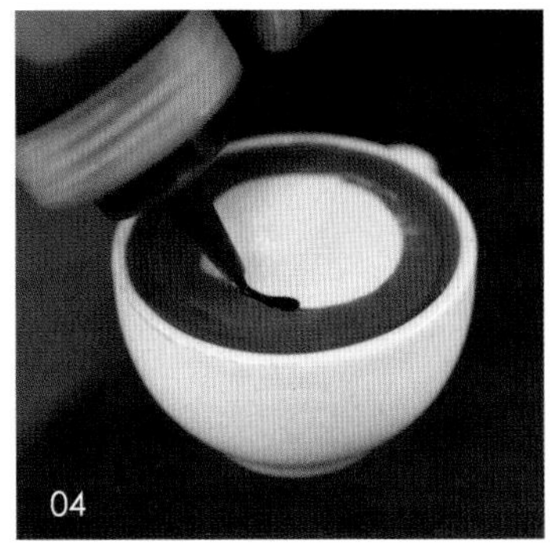

04-05 沿着牛奶圆的边缘挤一圈巧克力酱，再在其中挤第二个同心的圆圈；

06 从内向外拉出对称的四条线；

07 再在四条线两两之间从内向外拉出另四条线；

08 在八条线两两之间，从外向内依次拉出另外八条线；

小贴士

拉花针每离开咖啡表面一次，都要拿专用毛巾擦拭干净，再进行下一次的勾画，以免画面受到沾染。

09 第八条线拉到中间时，将拉花针向下插一些再向上提出，图案完成。

02 从杯缘向画面中心用拉花针依次划出四条线；

03 在每两线中间，从外向内划线，成八个小花瓣；用拉花针蘸取牛奶，点在花瓣的周围。

04

01 采用第34页步骤01-03的方法形成一个圆；

01 采用第 34 页步骤 01-03 的方法形成一个圆；

04

02-03 用拉花针蘸取牛奶沫，依次从外向里划出白线，线条间隔尽量匀称；

04 拉完最后一条线，在图案中心将拉花针向下插一些再向上提出。

01 对着杯心冲注牛奶至十分满；

02 用勺子刮取牛奶，沿画面的半径淋下；

03 淋成一个“米”字；

04 沿“米”字线挤上巧克力酱；

05 从中心开始用拉花针顺时针画圈；

06-07 画到杯缘处，提出拉花针，图案完成。

小贴士

将发泡牛奶加入咖啡，有时是用勺子从钢杯中刮取后轻轻倒入，有时是用钢杯直接对着咖啡杯心注入。前种做法易使牛奶浮在咖啡上，后种做法易使牛奶沉入咖啡彻底融合。比如本例在第一次倒入牛奶时要做到“不露白”，就适当地抬高拉花钢杯，奶流一定要细一些，对准画面中心点持续注入。

相似做法：在开始时改用第 32 页步骤 01-03 的方法形成白色圆形，就变成了此例。

01 在如前（第 32 页步骤 01-03）做好的咖啡表面，用巧克力酱从大到小淋出几个不同圆圈；

02 排列到最后太小，可直接点成巧克力酱点；

03 用拉花针从圆圈中一一穿过，形成一连串的心形。

相似做法：

在牛奶与咖啡融合至杯内十分满后，用勺子舀取牛奶在咖啡表面滴出很多小圆，小圆呈螺旋形分布，然后用拉花针一笔穿过即成。

08

01 在如前（第 32 页步骤 01-03）做好的咖啡表面以“之”字形淋上巧克力酱；

02 用拉花针从线条中心处划过，拉动巧克力酱形成叶子图案。

01 采用和心形前面阶段相同的做法，冲注牛奶后在杯心晃动奶流形成波纹（见第 24 页步骤 01-05），然后直接在原地收掉奶流；

02 用巧克力酱在咖啡表面挤出三根线条；

03 用拉花针顺着边缘向上勾出一条线，然后针尖不离开咖啡表面，再向下勾出一条线；

04 第三条线从第一、第二条线中间拉出，然后顺势越过第二条线向下拉出第四条线；

05-06 用同样的方法一直画到咖啡杯的另一边缘；

07 最后一条线收在轮廓线内，图案完成。

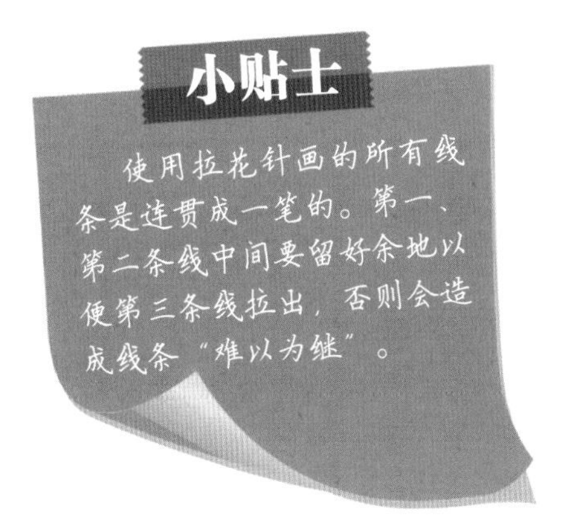

咖啡宠物 10–14

10

01 将咖啡杯倾斜放置，冲注入发泡牛奶；

02 至杯内七八分满时降低钢杯嘴停在画面中心处，持续左右晃动作图；

03 半圆形线条自动呈波纹状向外荡开，并逐渐成一圆形；

04 停止晃动，抬高钢杯嘴沿画面中心线向前拉到画面中心点位置后收起奶泡；

05 用拉花针勾出蝴蝶身体腹部以下的轮廓，注意线条不要越过画面中心；

06 在四周对称勾画出蝴蝶翅膀的四条凸起；

07 对称向内勾画出蝴蝶翅膀之间的分界线；

08 蘸取牛奶勾画出蝴蝶的触角，图案完成。

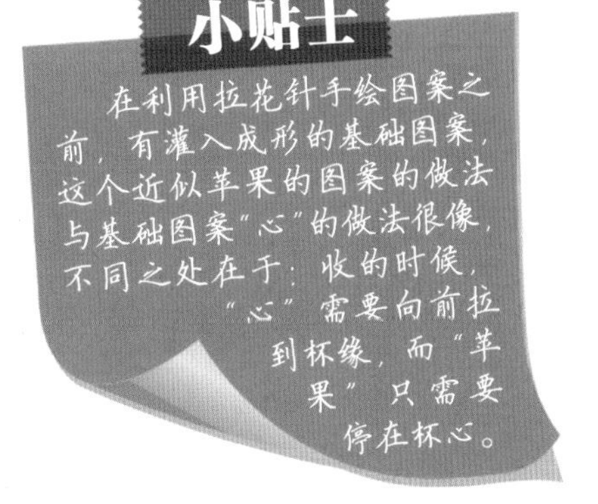

01 冲注牛奶至杯内七八分满时，从画面下部约三分之一处向前做第一次推入；

02 第一次推入完成后收掉奶泡，如法进行第二次、第三次推入；

03 用小勺刮取牛奶小心滴在弧形上方，再蘸取咖啡液，勾画出小熊耳朵的轮廓；

04 蘸取咖啡液，滴出小熊的眼睛；

05 蘸取少量牛奶，在小熊的眼睛中勾画出反光；

06 蘸取咖啡液，画出小熊的鼻子和鼻子周围的斑点，图案完成。

小贴士

在利用拉花针勾画小熊之前，有灌入成形的基础图案，这个图案的做法与基础图案“郁金香”的做法相似，不同之处在于：要给“小熊”的勾画留足空间，第一次推入的奶量要大，而又不要推到太靠边缘的位置，第二次推入不要太压迫第一次推入的图案。

01 冲注牛奶至杯内七八分满时，降低钢杯从画面下部约四分之一处轻倒奶泡；

02 奶泡成形后抬高钢杯嘴向前拉出缝隙，接着再降低钢杯向前推出一个圆形；

03 勾出兔子耳朵的轮廓；

04 蘸取咖啡液点出兔子的眼睛；

05 蘸取咖啡液勾画出兔子的嘴巴；

06 蘸取咖啡液勾画出兔子的胡须。

小贴士

在利用拉花针勾画之前的灌入成形分两步：第一步类似基础图案“心”的做法；第二步紧接着进行，类似基础图案“郁金香”的做法。为了保证兔子图案的比例适中，前后两步所用的奶量要相当，并且要均匀分布在画面中心线的两侧。

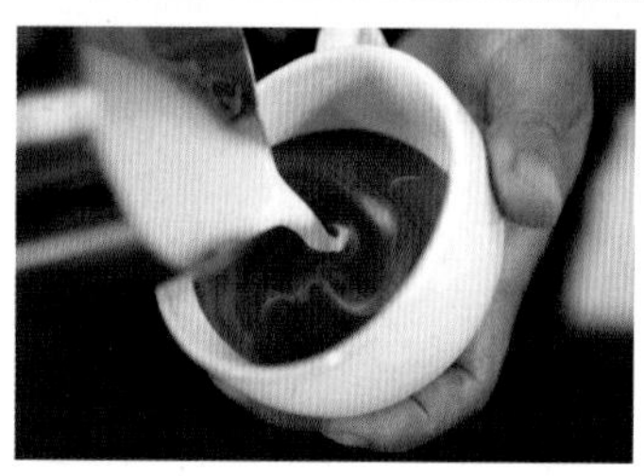

01 冲注牛奶至杯内七八分满时，从杯心处开始持续左右晃动拉花钢杯；

02 半圆形线条自动成波纹状向外荡开，并逐渐成一圆形；

03 向前稍微推入之后，向后拉出蛇的身子；

04 拉到杯缘处，立刻收掉奶泡；

05 蘸取咖啡液，点出蛇的眼睛，图案完成。

01 冲注牛奶至杯内五六分满时，贴着杯壁处开始持续左右晃动钢杯；

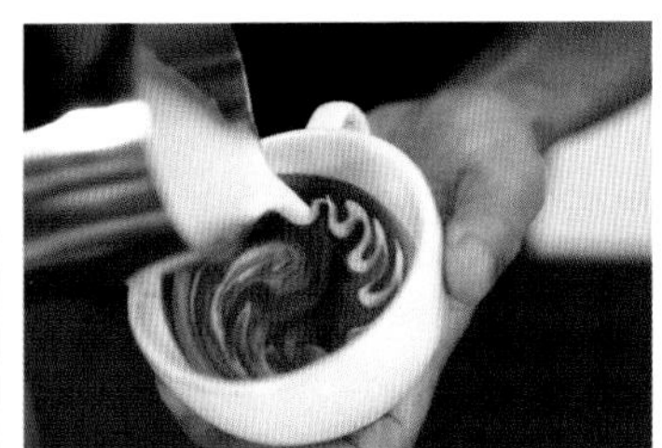

02 保持牛奶注入点不变，继续左右晃动钢杯，波纹沿着杯壁自动荡开；

03 待至波纹沿着杯壁荡回一圈时，向内推出一个“苹果形”，收掉奶泡；

04 在波纹内部，左右晃动钢杯向后做出一片叶子；

05 向前收线至叶子出现；

06 蘸取咖啡液，勾画出眼睛和嘴巴。

参考花型

蝎子身体的做法后后面的第 40 例有相似处，须调转一次咖啡杯；手部的做法和郁金香类似。

笑脸的边缘的做法和第 09 例相似，采用拉花针如图一笔勾成。

一花一世界 15–24

本系列相关视频链接：

此处2份二维码内容相同，供备用。
二维码用法的说明见第98页。

各视频花型：

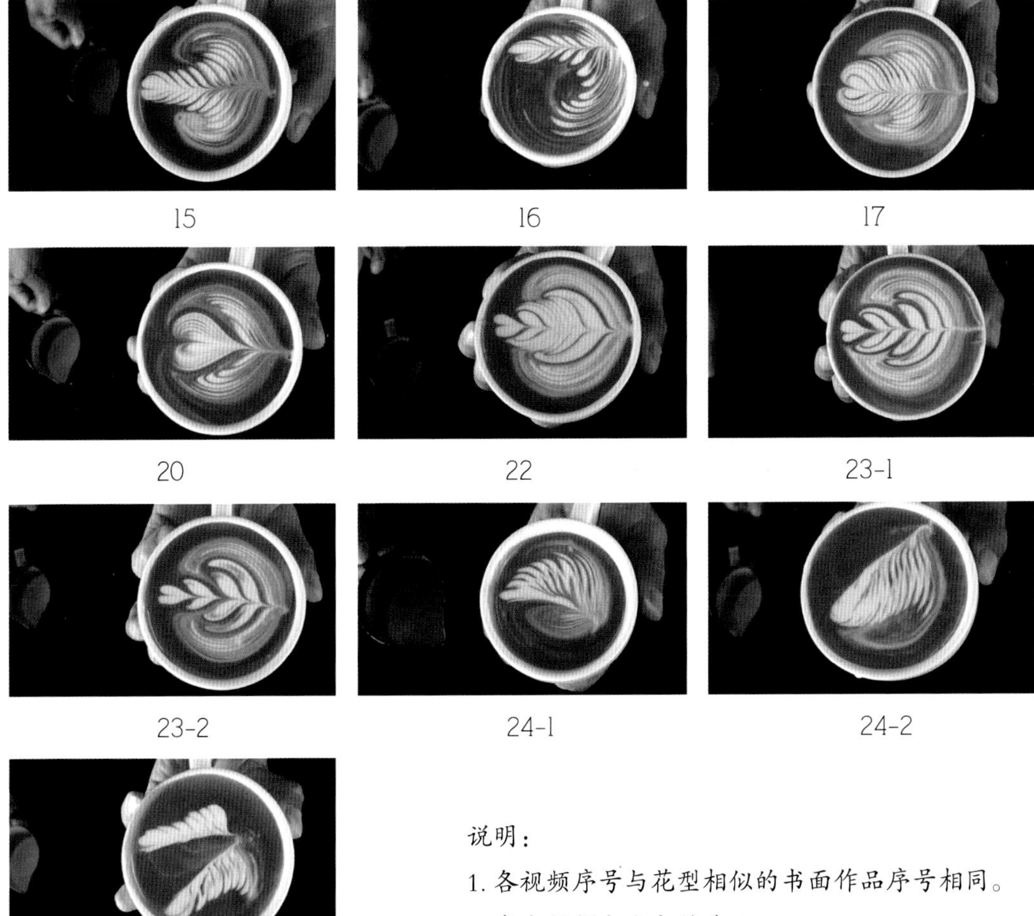

15 16 17
20 22 23-1
23-2 24-1 24-2
24-3

说明：

1. 各视频序号与花型相似的书面作品序号相同。
2. 每个视频大小大约为2M。

01 冲江牛奶至杯内七八分满时，从杯心处开始左右晃动钢杯构图；

02 弧形图案逐渐荡开，当图案铺满杯中一半时，开始缩小晃动幅度；

03 边左右晃动，边向后移动；

04 晃动至杯缘处，抬高杯嘴，向前推至另一杯缘；

05 迅速收掉奶泡，叶形浮现。

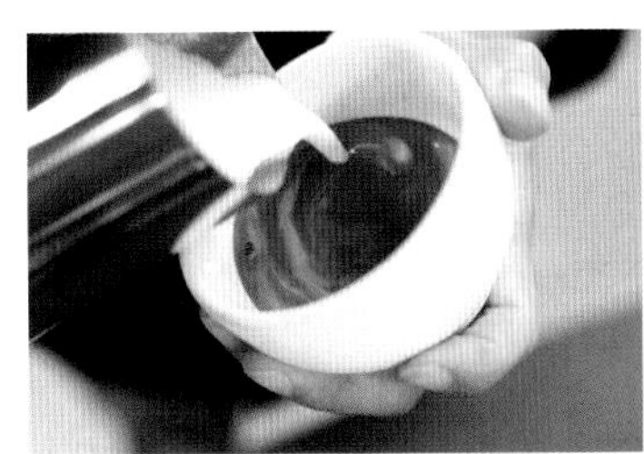

01 冲注牛奶至杯内六七分满时，贴着杯壁处开始左右晃动钢杯；

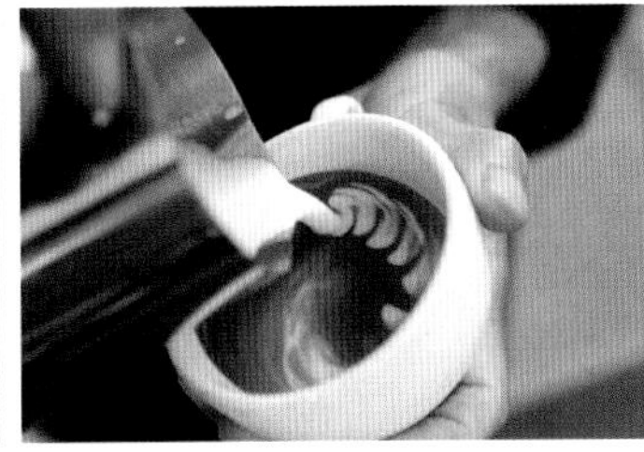

02 保持注入点位置不变，持续左右晃动，波纹自动沿着杯壁荡开；

03 待波纹沿杯壁荡到半圈时，将注入点向后移动；

04 边晃动边退到杯缘；

05 抬高钢杯嘴收细奶流，向前拉至另一杯缘，图案完成。

17

配套视频 见第 51 页

小贴士

左右晃动的幅度不同，最终形成的图案姿态也不同，可以根据自己的喜好来控制。最后留给推入成形的空间有限，所以一定要小心，不要倒入太多牛奶，以免溢出。

01 冲注牛奶至杯内五六分满时，从杯心处开始左右晃动钢杯；

02 保持牛奶注入点不变，持续左右晃动，弧形波纹自动向后荡开；

03 缩小晃动幅度，向后移动；

04 适时收掉奶泡，然后进行第一次推入；

05 作第二次推入；

06 作第三次推入；

07 稍退远作第四次推入；

08 第四次推入完成后接着抬高钢杯嘴收细奶流，向前拉至杯缘即可。

01 冲注牛奶至杯内五六分满时，进行第一次推入；

02 作第二次推入；

03 作第三次推入；

04 作第四次推入；

05 作第五次推入；

06 作第六次推入；

07 退远一些作第七次推入，紧接着抬高钢杯嘴收细奶流，向前拉到杯缘；

小贴士

本例作品中出现了一个"心包心"的特殊形态。要做到这一点，需要在第六次推入后"停留够久"，久到第六次推入的奶泡压迫到第五次推入的奶泡而发生合围。

08 迅速收掉奶泡，图案浮现。

01 冲注牛奶至杯内五六分满时，从画面下部约三分之一处开始作第一次推入；

02 在同样位置开始，作第二次推入；

03 在同样位置开始，作第三次推入；

04 贴着前次波纹作第四次推入；

05 从画面下部约三分之一处开始，作第五次推入；

06 贴着前次波纹作第六次推入；

07 贴着前次波纹作第七次推入；

08 退到杯缘，作第八次推入；

09 收细奶流，向前拉至另一杯缘；

10 收掉奶泡，图案完成。

01 冲注牛奶至杯内六七分满时，从杯心处开始左右晃动钢杯；

02 保持注入点不变，持续左右晃动，让波纹荡开；

03 向前推送，迅速收掉奶泡；

04 紧接着在杯缘处开始第二次推送；

05 抬高钢杯嘴，迅速向前拉至另一杯缘，图案完成。

01 冲注牛奶至杯内六七分满时，将钢杯放低，从杯心处开始左右晃动；

02 保持牛奶注入点不变，持续左右晃动，弧形波纹自动荡开；

03 适时收掉奶泡；

04 从画面下部约四分之一处开始作第二次推送；

05 作第三次推送，紧接着抬高钢杯嘴向前拉至另一杯缘，图案完成。

小贴士

本例作品与上一例相近，但手法稍微有些不同。上一例作品的第一层图案的晃杯结束后，有一个推送的动作，但是本例的第一层图案完成之后却没有。另外，本例的第一层图案的波纹密集度可由个人喜好决定，时间越久重叠越多，密集度也越高。

01 冲注牛奶至杯内四五分满时，贴近咖啡表面，从杯心处开始左右晃动钢杯；

02 保持牛奶注入点不变，持续左右晃动钢杯，弧形波纹自动向后荡开；

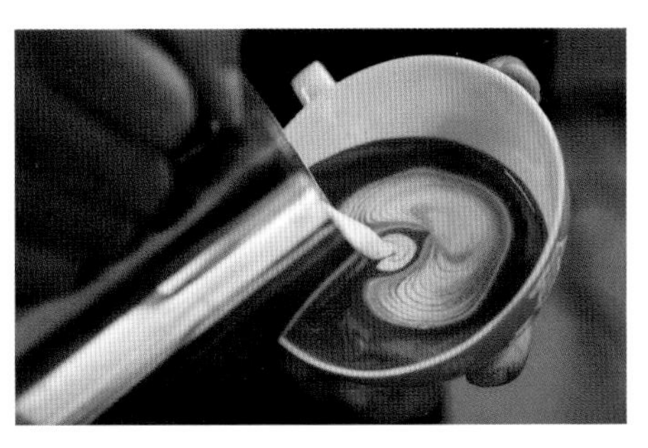

03 待弧形波纹荡成心形向前推进收掉奶泡，再从“心坎”位置重新注入小量奶流后开始左右晃动钢杯；

04 边晃动边向后退，稍作停留后收掉奶泡；

05 单独作一次推送；

06 再做一次推送；

07 再做一次推送；

08 再做一次推送；

09 再做一次推送；

10 收细奶流向前拉至杯缘，图案完成。

23

配套视频
见第 51 页

01 冲注牛奶至杯内五分满时，贴近咖啡表面，从杯心处开始左右晃动钢杯；

02 保持牛奶注入点不变，持续左右晃动，弧形波纹自动向后荡开；

03 适时收掉奶泡，接着从画面下方 1/4 处开始作一次推入；

04-05 连续推入 5 次；

06 抬高钢杯嘴收细奶流，向前拉至杯缘，收掉奶泡。

01 冲注牛奶至杯内六七分满时，从杯缘处开始左右晃动钢杯；

02 左右晃动四五下之后开始缩小晃动幅度；

03 牛奶注入点向后移到另一杯缘；

04 接近另一杯缘处时，减小奶流，继续左右晃动；

05 抬高钢杯，沿着奶波的边缘勾勒出翅膀的边线；

06 迅速收掉奶泡，翅膀图案浮现。

叶与叶的依偎 25–31

本系列相关视频链接：

此处 2 份二维码内容相同，供备用。
二维码用法的说明见第 98 页。

各视频花型：

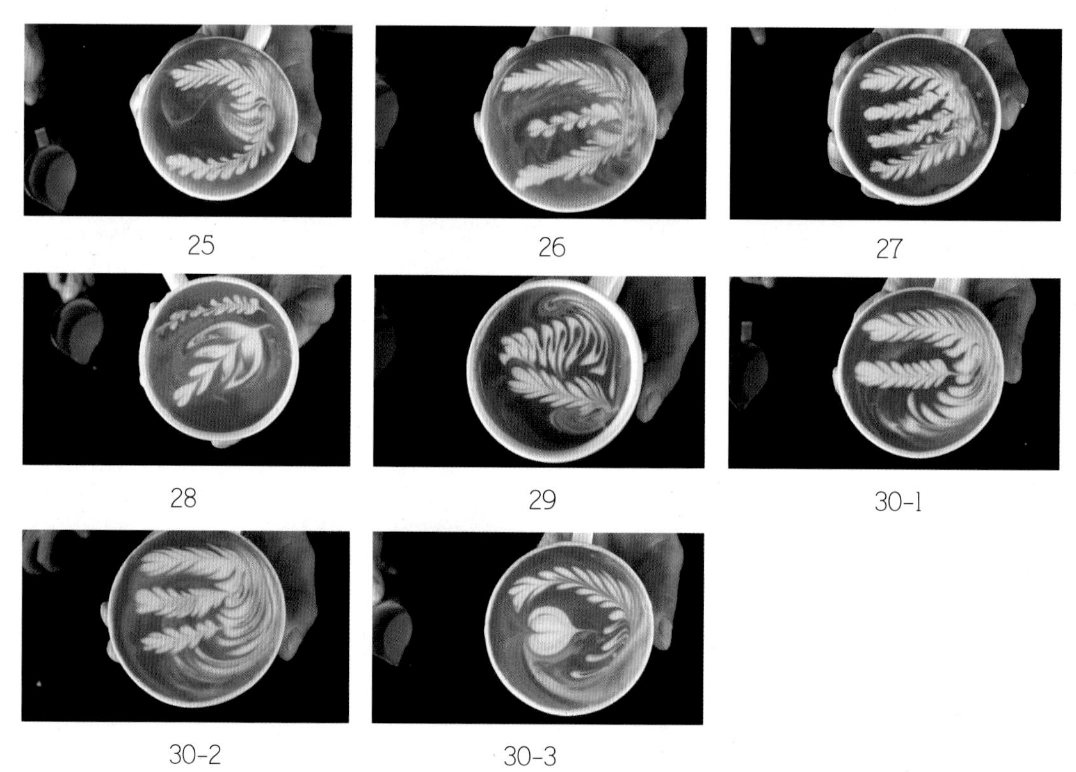

25　26　27　28　29　30-1　30-2　30-3

说明：

1. 各视频序号与花型相似的书面作品序号相同。
2. 每个视频大小大约为 2M。

01 将咖啡杯倾斜放置，注入发泡牛奶；

02 冲注牛奶至杯内六七分满时，压低钢杯，准备作图；

03 先在咖啡杯的一侧作图，左右晃动钢杯，同时沿弧形路线向后移动；

04 抬高钢杯嘴收细奶流，往前拉至杯缘，一片叶子浮现；

05 在咖啡杯的另一侧相似作图；

06 逐渐扶正咖啡杯，图案完成。

小贴士

在画小片叶子时，要想做到脉络清晰，须注意控制注入的奶量。这里的例子中，左边的叶子根部显得"堆积"，就是因为奶量偏多了。

01 先画大的叶子；

02 画另一侧的叶子；

03 最后画中间的叶子。

配套视频 见第 66 页

01 先画大的叶子；

02 画另一侧的叶子；

03 画中间的小叶子；

04 画最后一片叶子。

小贴士

这三例作品的拉花手法是一样的，不同的是它们的繁密程度。可以根据需要换容量较大的咖啡杯，但在杯子大小一定的情况下，就要合理安排叶与叶之间的距离。在开始拉花之前要做到“成图在胸”，为每一片叶子留足空间。

01 在浓缩咖啡液面撒上可可粉，注入发泡牛奶；

02 冲注牛奶至杯内六七分满时，压低钢杯减小奶流，从右上方开始作图；

03 抬高钢杯嘴收细奶流，向前拉至杯缘，一片叶子浮现；

04 在另一侧推入一朵奶泡；

05 再推入一朵；

06 退到咖啡杯缘推入第三朵奶泡后抬高钢杯嘴收细奶流向前拉线，图案完成。

29

01 冲注牛奶至杯内六七分满时，压低钢杯，从左上方开始作图；

02 边晃动，边移动至杯缘；

03 抬高钢杯嘴收细奶流，走斜线到第二部分图案的起始注入点；

04 压低钢杯，开始第二部分的作图；

05 边晃动钢杯，边向后退；

06 退到杯缘处时抬高钢杯嘴稍停顿；

07 往前拉到杯缘处收掉奶泡。

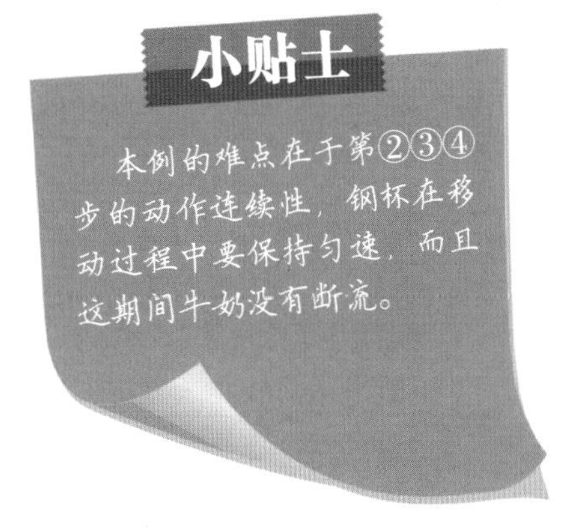

30

01 冲注牛奶至杯内六七分满时，贴着杯壁处开始持续左右晃动钢杯；

02 保持牛奶注入点不变，波纹沿着杯壁自动荡开；

03 待波纹发展到半圈时，将牛奶注入点沿直线迅速后移到杯缘；

04 抬高钢杯嘴，沿弧形奶波中心线往前推至杯缘，收掉奶泡，然后另在一处重新开始注入牛奶；

05 边左右晃动钢杯，边向后退到杯缘；

06 抬高钢杯，往前收掉奶泡，图案完成。

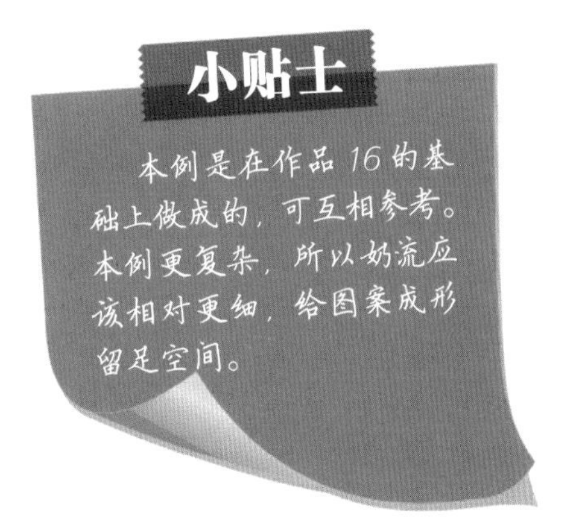

31

01 冲注牛奶至杯内五六分满时，放低钢杯嘴，停在杯心处晃动构图；

02 待波纹荡开成一个半圆向前推送，收掉奶泡；

03 回到杯心处，准备勾画第一片叶子；

04 左右晃动钢杯，不必至杯缘即可往回收，画出第一片叶子；

05 画出第二片叶子；

06 贴着杯壁画出第三片叶子；

07 画出第四片叶子；

08 贴着杯壁画出第五片叶子。

交响的乐章 32–41

本系列相关视频链接：

此处 2 份二维码内容相同，供备用。
二维码用法的说明见第 98 页。

各视频花型：

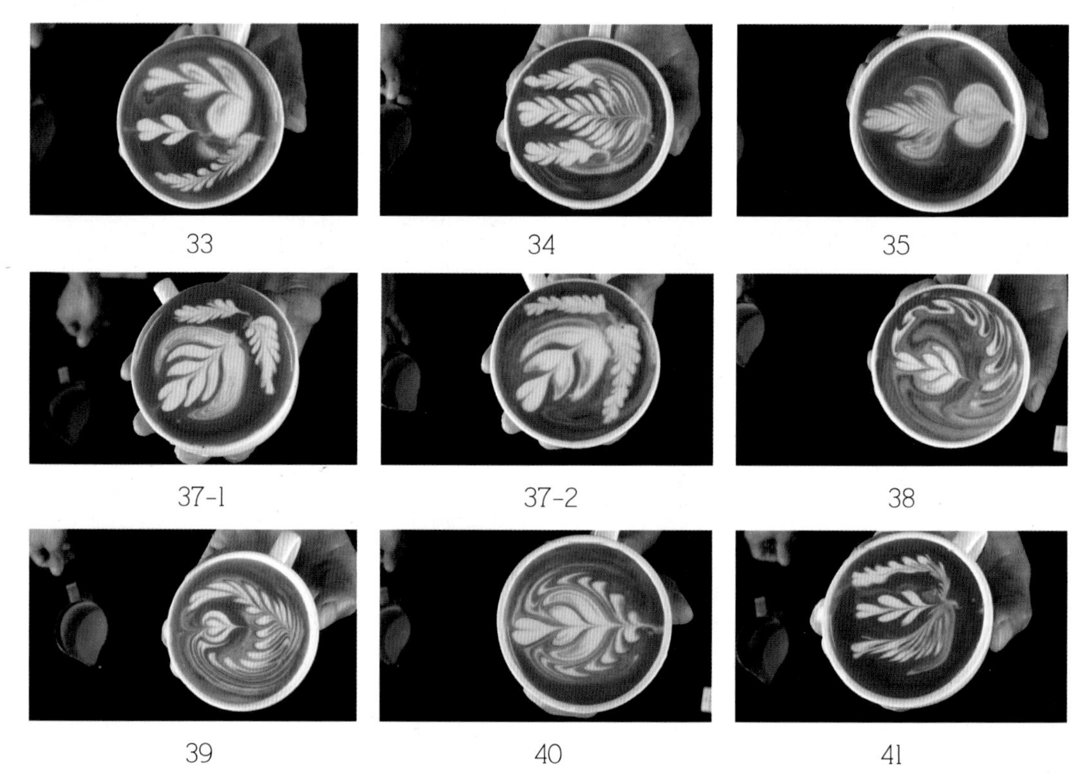

说明：

1. 各视频序号与花型相似的书面作品序号相同。
2. 每个视频大小大约为 2M。

01 在浓缩咖啡表面撒上可可粉，注入发泡牛奶；

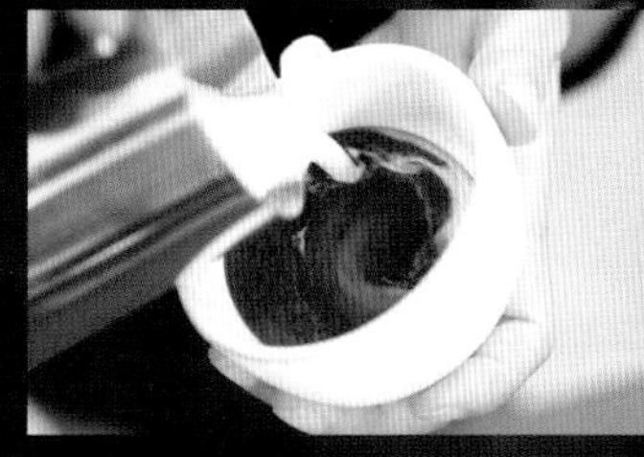

02 至杯内五六分满时，从杯缘处开始作图；

03 边向后移动，边左右晃动，并逐渐缩小晃动幅度；

04 移动至杯心处停止晃动，抬高钢杯，准备往回收；

05 勾勒出心的轮廓后收掉奶泡，然后另外画出一片叶子；

06 收掉奶泡后图案完成。

32

01 冲注牛奶至杯内五六分满时，从左上方开始作图；

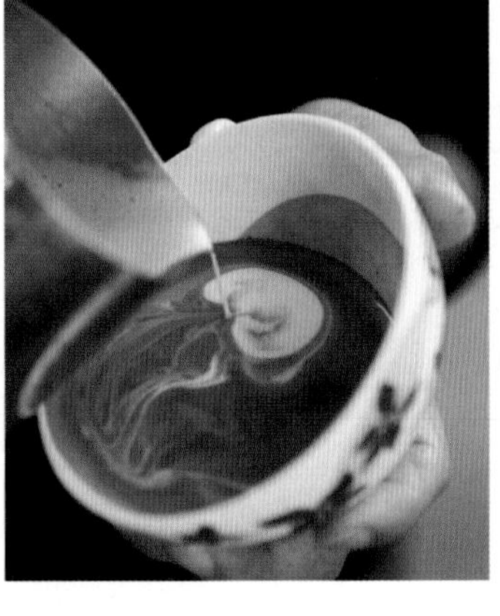

02 向前做第一次推送后，逐渐收掉奶泡；

03 如法进行第二次推送；

04 进行第三次推送；

05 第三次推送完成后往前拉线；

06 在画面右侧画一片叶子；

07 在中间空白处，控制奶流作一次推送；

09 如法作第二次推送；

09 往前拉线收掉奶泡后，图案浮现。

01 冲注牛奶至杯内六七分满时开始晃动作图；

02 在波纹荡开到一定范围后，向后移动钢杯，并逐步缩小晃动幅度；

03 画出第一片叶后，在边上画出第二片叶；

04 在另一边画第三片叶，让第三片叶与第二片叶齐平。

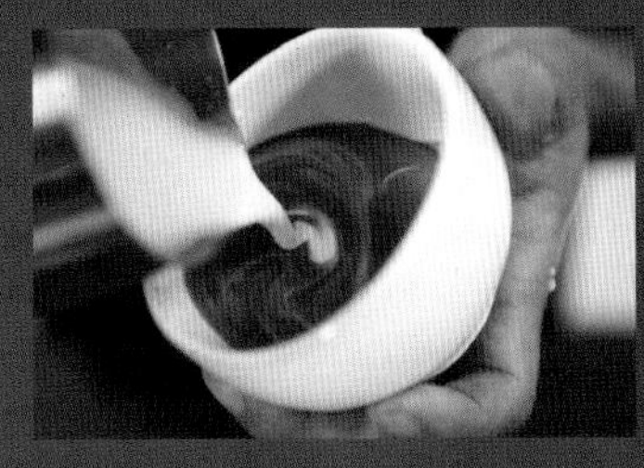

01 冲注牛奶至杯内五六分满时，贴近咖啡表面，从杯心处开始作图；

02 边左右晃动，边向后移动；

03 逐渐缩小晃动幅度，至杯缘处停止晃动；

04 抬高钢杯嘴，向前拉至起始注入点；

05 贴近注入点，加大奶量，向前做一次推送；

06 奶泡扩散后，向前收掉奶流。

35

配套视频
见第 78 页

01 冲注牛奶至杯内五六分满，从杯心处开始作图；

02 保持注入点不变，持续左右晃动钢杯，待波纹荡开成一心形；

03 向前推送后收掉奶泡，从画面下部开始第二次推送；

04 随着向前推送动作的进行，持续注入牛奶；

05 贴着前一次的奶泡进行第三次推送；

06 如法进行第四次推送；

07 第五次推送；

08 第六次推送；

09 第六次推送完成后接着抬高钢杯嘴收细奶流，沿中心线往前拉；

10 收掉奶泡后图案完成。

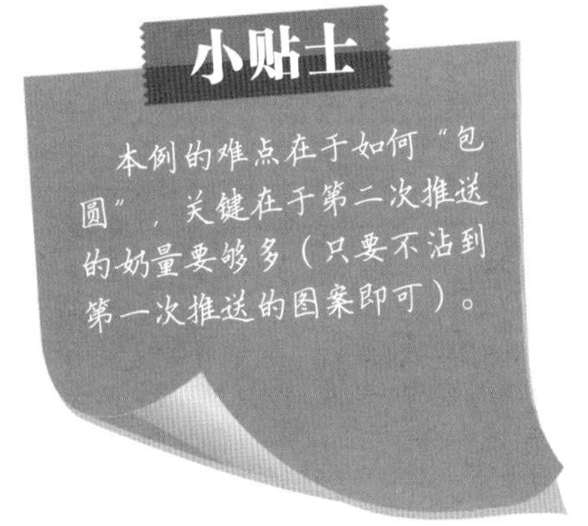

01 冲注牛奶至杯内五六分满时，贴近杯心开始晃动作图；

02 将注入点定在杯心，让弧形波纹自动扩展包围成一个圆；

03 向前推送后收起奶泡，再从杯心下方开始作第二次推送；

04 适时收掉奶泡；

05 从同样位置开始，作第三次推送；

06 如法作第四次推送；

07 抬高钢杯嘴收细奶流，沿中心线往前拉；

08 在成图的一侧，画出细密的一片叶；

09 如法在另一侧画出相似的一片叶；

10 收掉奶泡，图案完成。

01 冲注牛奶至杯内六七分满时，压低钢杯嘴，贴近咖啡杯的一侧开始作图；

02 保持注入点不变，持续左右晃动钢杯，弧形波纹沿杯壁荡开；

03 待波纹沿杯壁发展到半圈时，改变牛奶注入点；

04 完成第一次推入；

05 作第二次推入；

06 作第三次推入；

07 贴着前次的波纹作第四次推入；

08 作第五次推入；

09 接着抬高钢杯嘴收细奶流，向前勾出叶脉；

10 收掉奶泡，图案浮现。

39

01 冲注牛奶至杯内六七分满时，贴着杯壁开始作图；

02 保持注入点不变，持续左右晃动钢杯；

03 波纹扩展到半圈时，边持续晃动钢杯边向后移动；

04 向前拉线后收掉奶泡；

05 再在画面中间进行第一次推送；

06 贴着前次推送的奶泡作第二次推送；

07 在第二次推送末尾稍停顿后抬高钢杯嘴，往前拉；

08 收掉奶泡，图案完成。

40

01 冲注牛奶至杯内五六分满时，从杯心处开始作图；

02 边晃动边向后移动至杯缘处，收掉奶泡；

03 180° 转动咖啡杯，贴着成形的图案，向前作第一次推送；

04 向前作第二次推送；

05 如法进行第三次推送；

06 抬高钢杯往前拉线，图案完成。

小贴士

考虑到咖啡出品的外观，本例起始的握杯姿势要注意一下。一般拉花图案在开始作图时，咖啡杯的把手朝内在自己手掌虎口的位置，而本例相反，开始作图时咖啡杯把手朝外。

01 冲注牛奶至杯内六七分满时，从右侧开始作图；

02 边晃动边向后移动到杯缘；

03 沿波纹边缘收线，并移动到左侧相对位置；

04 边晃动边向后移动到杯缘；

05 如法沿着波纹内侧收线后，将钢杯对准两只“翅膀”的中间位置作第一次推送；

06 第二次推送；

07 第三次推送；

08 第三次推送完成后，向前收线，图案完成。

参考花型

天赐一双翅膀 42–45

本系列相关视频链接：

此处2份二维码内容相同，供备用。

各视频花型：

42

43

说明：

1. 各视频序号与花型相似的书面作品序号相同。
2. 每个视频大小大约为2M。

本书二维码使用说明

1. 每个二维码链接到一个简单的网页，网页内有超链接，点击之即可播放或下载视频。读者可扫描位于封面的二维码先行测试。视频前没有插播广告，但在本书出版较久后有可能改变。

2. 对于内含小红框的二维码，请在购书后使用任何种类深色笔（黑色、红色、蓝色均可）将小红框内的区域涂暗，如下图所示，即可扫描。（扫描二维码的方法是：使用智能手机或平板电脑，在安装了可扫描二维码的应用软件，如微信后，打开该应用软件扫描。）

→ 或 或

3. 推荐在Wifi环境或其他高速网络环境下观看。在低速或不稳网络中可能无法播放。

4. 推荐使用UC浏览器（自带“二维码”附件）扫描二维码，在打开视频地址后可以选择“本地下载”。（微信也可扫描播放，但目前不能本地下载）。

5. 部分低端智能机型不支持在线播放，安装UC浏览器可以解决。（UC浏览器有一种经典版，较旧，但占资源少，在它的“极速模式”下可以下载视频，在普通模式下可以在线播放视频但操作可能较麻烦且等待较久。）

6. 在线播放如在开头卡住，改用“本地下载”能改善。

7. 如不能观看视频，在尝试以上方法后，可以发邮件至chyzh365@163.com寻求帮助。

8. 本书视频链接在本书版次时间（标于扉页背面）后3年内有效；3年之后可能被关闭，读者可扫描测试视频二维码（位于封面）进行检验。

01 冲注至七八分满时，贴着杯缘处开始作图；

02 边晃动钢杯，边呈曲线向后移动至杯缘；

03 抬高钢杯，沿波纹内侧收线到底部，再向前推送一定奶量，然后后退拉出天鹅的脖子；

04 在天鹅的头部位置稍停留推送适量奶泡；

05 向前收线，图案完成。

小贴士

第③步收线时，不必一收到底，这样就可以在推送天鹅的“肚子”时，在钢杯前方产生“水波”的效果；第⑤步画一心形时，要停留足够时间让心形变大，然后抬高钢杯，逐渐收线。

01 将咖啡杯倾斜 45° 放置，注入发泡牛奶；

02 压低钢杯，贴近咖啡杯的外侧开始作图；

03 边晃动边呈曲线向后移动；

04 移动至杯缘后，控制奶流变细；

05 沿波纹内侧边缘往回拉，勾画出天鹅的一只翅膀；

06 移动到咖啡杯的另一侧，如法画另一只翅膀；

07 往回拉；

08 奶流不断，在一对翅膀中间的位置注入一定奶量；

09 控制奶流变细，拉出天鹅的颈部；

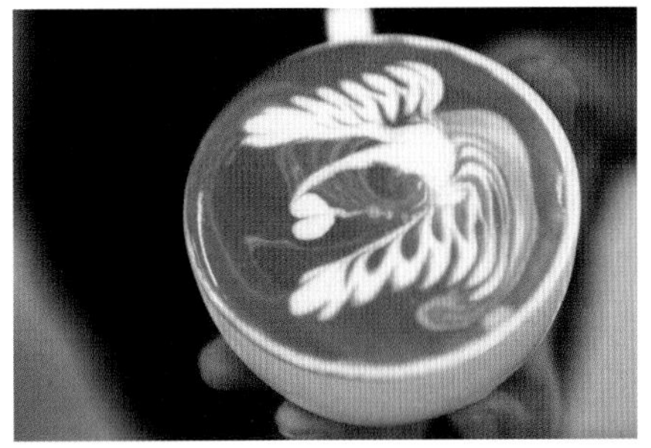

10 注入一定奶量，画出一个心形后收掉奶泡，图案完成。

44

01 冲注至五六分满时，从上方开始晃动作图；

02 待波纹荡开成一个半圆，向前推送后收掉奶泡；

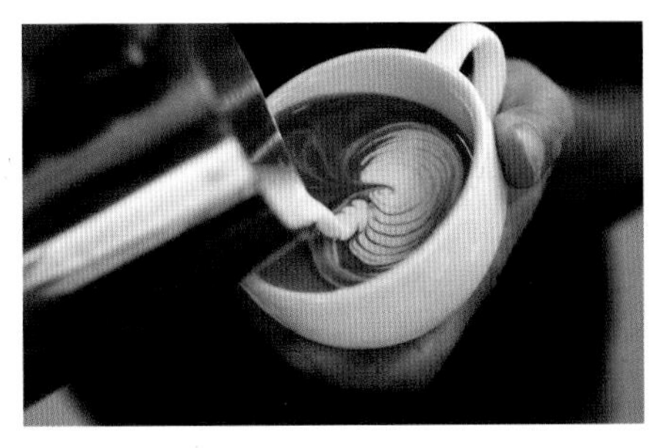

03 在半圆的一侧开始画第一只小天鹅；

04 画出小天鹅的翅膀；

05 拉出小天鹅的颈部；

06 画出心形的头部后收掉奶泡，再在另一侧画第二只小天鹅；

07 拉出颈部；

08 画出头部后收掉奶泡，图案完成。

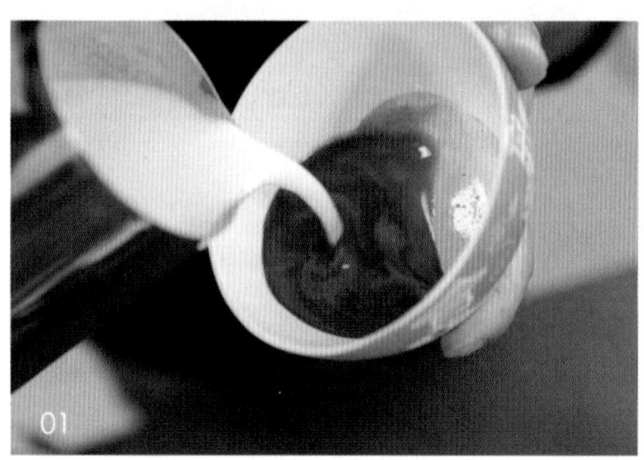

01 冲注牛奶至杯内五六分满时，从画面下方开始作图；

02 向前推送后，抬高钢杯，逐渐收掉奶泡；

03-04 如图完成推送，总共四次；

05-06 如图晃杯后移，至杯缘时收细奶流沿波纹内侧拉回，形成一只翅膀，再如法画另一只翅膀；

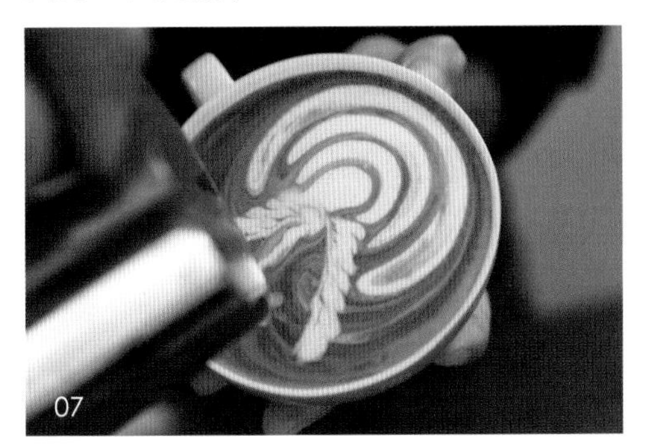

07-08 如图拉出颈部，在末端稍停顿多注入些奶量，再向前收成心形作头部。

09-10 在图案下方用拉花针从边缘拉向中心，如此拉多条线布满扇形面；

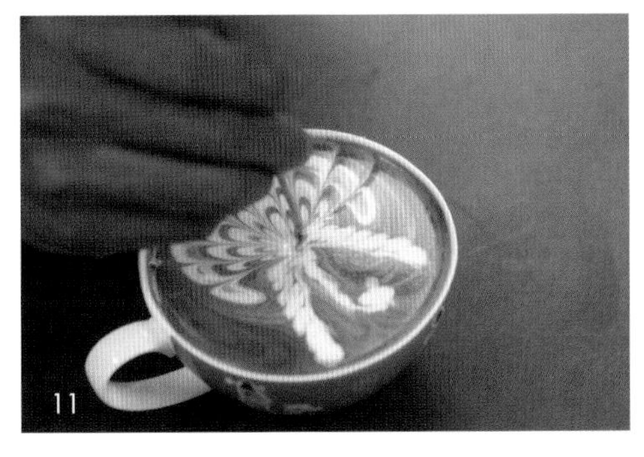

11-12 拉完最后一条线，将拉花针向下插一些再向上提出，最后可以再修饰一下嘴部。

参考花型

玫瑰的礼赞

46

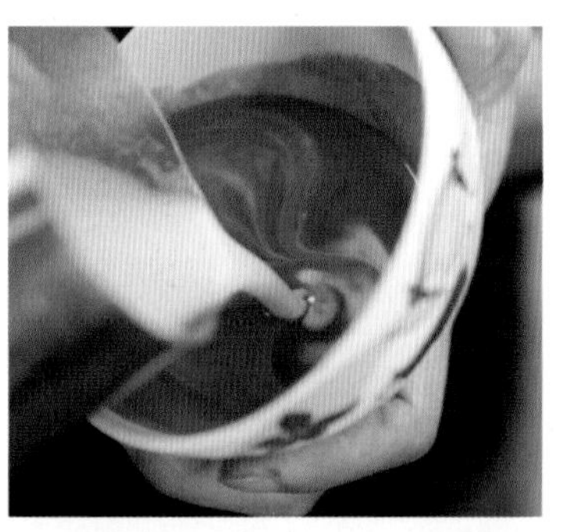

01 冲注至五六分满时，贴着右侧杯壁开始作图；

02 边晃动边向后移动至杯缘；

03 往前拉出叶脉后收掉奶泡，再在另一侧作图；

04 如法画出第二片叶子；

05 在中间位置，钢杯嘴稍向左边，作第一次推送；

06 收掉奶泡后，稍向右边，作第二次推送；

07 稍向左边，作第三次推送；

08 稍向右边，作第四次推送；

09 稍向左边，作第五次推送；

10 最后对准中央位置向前作最后一次推送，收掉奶泡，玫瑰浮现。